神秘的閃蝶
傘菌

新雅●知識館

野外生態大考察

一本鬥智鬥力的科普遊戲書

作　　者：史蒂芬・榮波（Stephan Lomp）
繪　　圖：史蒂芬・榮波（Stephan Lomp）
翻　　譯：小花
責任編輯：黃花窗
美術設計：何宙樺
出　　版：新雅文化事業有限公司
香港英皇道499號北角工業大廈18樓
電話：（852）2138 7998
傳真：（852）2597 4003
網址：http://www.sunya.com.hk
電郵：marketing@sunya.com.hk
發　　行：香港聯合書刊物流有限公司
香港新界大埔汀麗路36號中華商務印刷大廈3字樓
電話：（852）2150 2100
傳真：（852）2407 3062
電郵：info@suplogistics.com.hk
印　　刷：中華商務彩色印刷有限公司
香港新界大埔汀麗路36號
版　　次：二〇一七年七月初版

ISBN: 978-962-08-6821-4

18/F, North Point Industrial Building, 499 King's Road, Hong Kong
Published and printed in Hong Kong

野外生態大考察

WILFRED AND OLBERT's TOTALLY WILD CHASE

一本鬥智鬥力的科普遊戲書

史蒂芬·榮波
著／圖

新雅文化事業有限公司
www.sunya.com.hk

小朋友，
你喜歡野生動物嗎？
你知道牠們住在哪裏嗎？
你想成為出色的動物探險家嗎？

現在有機會啦！動物探險家阿威和阿拔發現了一隻新品種的蝴蝶，他們快要展開一場別開生面的野外追蹤行動，快來跟着他們走吧！

請你跟隨阿威和阿拔的路線，見識不同的**生態環境**。他們將會走過**樹林**，來到**大海**；穿過**沙漠**，到達**草原**；攀上**山峯**，飛到**極地**；最後來到**熱帶森林**。記着沿途要緊緊跟隨阿威和阿拔的路線，別迷路啊！

你可以一邊看一邊玩，發現生活在不同生態環境中的各種**野生動物**，也別錯過隱藏在每一個生態場景中的**智力謎題**啊！

當你和阿威、阿拔找到新品種的蝴蝶後，你還可以閱讀書後**近百種野生動物小檔案**。這些野生動物都曾在本書中出現過，你能在正確的生態環境中找到牠們嗎？

看完本書後，說不定你會跟阿威和阿拔一樣，變成一位知識廣博、觀察入微、聰明伶俐和風趣幽默的動物探險家呢！

在一個風和日麗的早上，兩位傑出的動物探險家——阿威和阿拔——正在悠閒地喝茶……

自然歷史學會
會所規則
1. 不可赤腳。
2. 服裝要求：探險家風格。
3. 保持鬍子清潔整齊。
阿威，再來一杯茶？
謝謝你，阿拔。告訴你，我有預感我今年將會發現一種令人驚歎的生物，年度的自然探索大獎一定是屬於我的。

……突然一個特別的訪客從窗戶飛進來，降落在阿拔那大大的鼻子上。這個訪客會是一種全新的物種嗎？

就這樣，野外大追蹤行動開始了。誰會最先解開這隻神秘蝴蝶的謎題，並奪得自然探索大獎呢？我們這兩位傑出的動物探險家拼勁十足，追蹤蝴蝶至樹林的深處……請你沿途緊緊跟隨他們的路線啊！

嘿嘿，給你一些
蕉皮作禮物。
敵
4
蝴蝶在哪兒了？
1
你可以帶領我
回家嗎？
兔子
原來在
這裏！
回來啊！我還
沒速畫好！
嘿！
貓頭鷹
喂，你是怎樣來
到這裏的？
嘿嘿，我是
第一名。
蜜蜂
棕熊
哎喲！
可惡！這隻蝴蝶快
要逃走，飛往河流
的下游。
愛回家
呃噢，阿拔笨笨的把腳套進橡皮艇的
繩索裏，出事了……

嗖！橡皮艇高速航行！阿威沿着河流，
一直追蹤蝴蝶至大海……

那隻蝴蝶往前繼續游。阿拔搶走了阿威的潛水裝備，那阿威怎辦才好？

啊哈！阿威找來一枝伸縮吸管，吸了一大口氣。追蹤行動進入了色彩繽紛的珊瑚礁……

阿威和阿拔能成功從鯊魚的嘴巴逃出生天嗎？
他們會到哪裏呢？
呀呀呀！
我們快被鯊魚追上了！
墨魚
刺魨
海膽
水滴魚
噢呀！
螃蟹
嘩，好美麗啊！
海星
趕快離開這裏，有鯊魚追着我呀！
與
！是鯊魚！
黑尾真鯊

阿威和阿拔成功擺脫了鯊魚，來到一個灼熱的沙灘，這個沙灘連着一片一望無際的乾旱沙漠。

來吧，蝴蝶！我只想看清楚你！
喂，你還不是一樣未找到蝴蝶。
呀，氣死啦！
看！這裏有一朵罕見的沙漠之花！
哎呀！
我要休息一下！
向前走，你這隻頑固的駱駝！
耳廓狐
你在抄小路嗎？等等我！
4
這裏有兩隻狐獴是雙胞胎，牠們長得一模一樣。你能找到牠們嗎？
眼鏡蛇
哎喲，哎唷！
阿
12
狐獴
他們跟着蝴蝶穿越沙漠……

……走進原始的草原。這場追追趕趕的鬧劇是時候結束了吧！

噢，糟糕！有一隻鵰把阿拔擄走了。阿威應該繼續研究蝴蝶的工作，還是立刻去拯救阿拔呢？
劍羚
牛羚
停下！我有一個好主意。
找蝴蝶往這邊
嘿嘿！這標誌必定會使阿拔上當。
找到你啦。
很好，請保持這姿勢。
阿拔遇上了危險，但是蝴蝶就在我眼前……我該怎樣做？
救救我，阿威！
鵰
噢！這裏是捷徑。
找蝴蝶往這邊
穿山甲
跳！
糟了！
同時被河馬和鵰追趕？很不公平啊！
誰在我頭上？
啊！好險，幸好我帶了一個巨型的毛線球！
怎麼會有這回事？！
河馬
犀牛
鴨
5
你能找出沒有在這兩頁出現的動物的剪影嗎？

阿威當然選擇去救他的朋友阿拔啦！他跟着擄走了阿拔的鵰，來到一座山的山峯……

哇哇哇！
頂
6
有一隻動物不是生活在山上的，你能找到牠嗎？
山羊
快下來到我這裏，你這個大笨蛋。
謝謝你，阿威！你對我真好！
阿拔，你太笨重了，熱氣球也快被你拖垮！
美洲獅
我只是大塊頭，但並不笨重啊！
救星阿威來了。
熱氣球越飄越下，將會在哪裏降落呢？

啪嗒！熱氣球撞落在極地的冰面上。哪來的怪風把他們吹到這老遠的地方啊！

海鷗

北極狐

北極兔

北極熊

對不起，我把你的熱氣球拖垮了。

不要緊，你沒事就好了。

我們一起找那隻蝴蝶，別再你爭我奪了。

好啊！我想那隻蝴蝶往這邊飛走了。

海鸚

海象

級 2

企鵝

海豹

這冰面堅固嗎？

當然，簡直堅不可摧！

但是，我好像聽到「咔」的一聲。

呃，那我們兩個要……

呀呀！

阿拔！

……快跑！

阿威和阿拔站在懸崖邊往下看，看到一些非常奇異的景象……

……原來是一個秘密的熱帶森林！那隻蝴蝶必定在這裏啊！
真棒！我找到那隻蝴蝶了。
吼猴
吸血蝙蝠
不是，這只是一隻律蛺蝶。
巨嘴鳥
明
9
這個鞦韆好像不甚安全。
嘩！是鞦韆！
嘩哈哈！
呀呀呀呀呀！
樹懶
走這條路試試看……
鳳頭鸚鵡
我們怎樣才能夠到對岸去呢？
那條路不通，你這個老頭子！
看，這條是捷徑！
我猜那隻蝴蝶在對岸。
是的，是的。

我完全絕望了。蝴蝶溜走了，而且我的肚子很餓。
振作啊！來嘗一嘗這種水果。
讓我們站在高處仔細找一找！
真好玩！
但是，阿拔，我什麼蝴蝶都沒看見。
金剛鸚鵡
美洲豹
我感覺怪怪的。
看！是那隻蝴蝶！
食蟻獸
我的雙腿很軟弱無力。
怎麼這個森林好像越來越大？
貘
阿
5
紅毛猩猩
那水果使我們縮小了！
很酷啊！
樹上那東西是什麼？
糟透了！
8
我踩到了一條蛇。你知道是哪條蛇嗎？
大猩猩
糟糕！阿威和阿拔縮小了。他們現在怎樣找到蝴蝶呢？

蟻小蜂
帝王斑蝶
嘩！看看這兩隻蝴蝶，阿拔！
阿威！阿威！我找到我們的蝴蝶啦！
羽角天牛
但是……這隻蝴蝶……噢，這隻蝴蝶正在破蛹而出。
蝸牛
我們從來沒有機會這樣近距離觀察昆蟲。看，這隻毛蟲變成了蛹。
我們不是來這裏玩球，而是要找那蝴蝶。
接球啊！
蛹
毛蟲
瓢蟲蜘蛛
那隻螞蟻好像很餓。我希望牠不會把我們吃掉。
今次是大災難，今次糟透了，今次……
……棒極了！
現在，我們這麼小，蝴蝶不怕我們，更不會飛走。
傻小子，螞蟻很友善的。
阿威和阿拔好不容易爬到樹幹上……

真的嗎？他們真的找到那蝴蝶嗎？
你這回沒看錯嗎？
沒錯！沒錯！牠就在那裏。
對了！你找到了！你真棒，阿拔！
好極了！
蟹蛛
在這裏！
你在裝傻嗎？我們的蝴蝶是紫色的。
看！有一隻蝴蝶媽媽在葉子的下方產卵。
呃，但是我們的蝴蝶在哪裏？
聰 8
不是，不是牠。這隻蝴蝶的腹部是粉紅色的。
看，是我們的蝴蝶！
甲蟲
9
你能找到多少隻翅膀上有藍色斑點的蝴蝶呢？
蟑螂

好棒啊！阿威和阿拔成功了！站在他們面前的，
正是那隻令人驚歎的蝴蝶，而且牠沒飛走啊！

嗨，好傢伙！
為什麼你們要
研究我？
我們成
功了！
真棒！
快，我們快
來研究牠！
不知名
的蝴蝶
牠會説話！阿威，我
們的蝴蝶會説話。
我們……我們覺
得你是我們見過
的蝴蝶之中最奇
妙的一隻。
噢，這真是我
的榮幸。我將
會很出名嗎？
我們想讓全
世界的人都
認識你……
……然後
把大獎拿
到手！
非常出名！
那麼請你們
繼續吧。
阿威，我的雙
腿再次發軟。

阿威和阿拔變回了原來的大小，而那隻蝴蝶也飛走了。幸好，他們已經收集了足夠的資料，來參加自然探索大獎，所以便高高興興地回家去。

兩星期後，自然探索大獎的獲獎名單公布了。你猜猜誰是得獎者？

恭喜阿威和阿拔！他們合作無間，一起把蝴蝶找出來，並贏得了自然探索大獎。真是一場精彩的野外大追蹤啊！

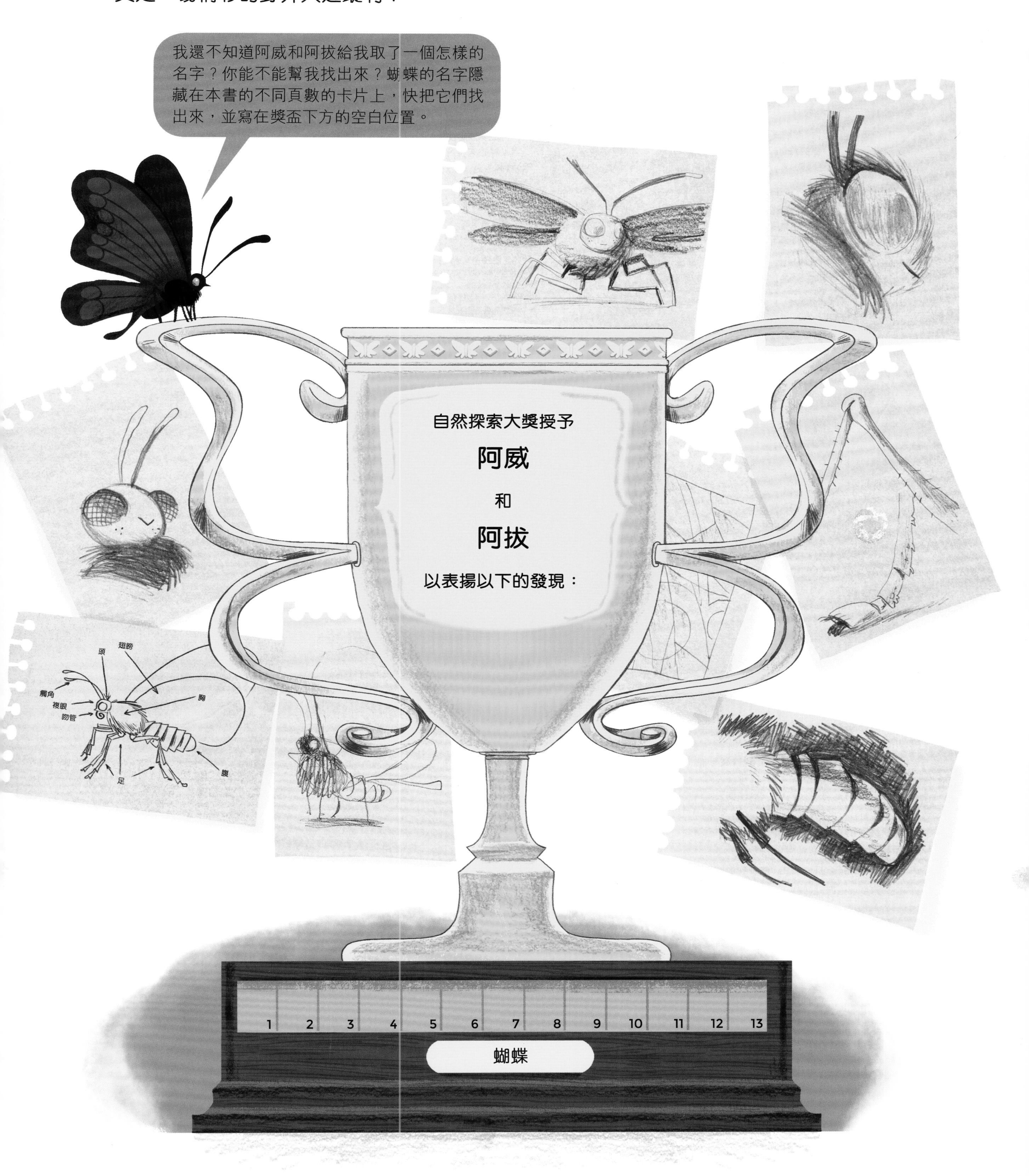

我還不知道阿威和阿拔給我取了一個怎樣的名字？你能不能幫我找出來？蝴蝶的名字隱藏在本書的不同頁數的卡片上，快把它們找出來，並寫在獎盃下方的空白位置。
自然探索大獎授予
阿威
和
阿拔
以表揚以下的發現：
翅膀
頭
觸角
複眼
吻管
胸
腹
足
1 2 3 4 5 6 7 8 9 10 11 12 13
蝴蝶

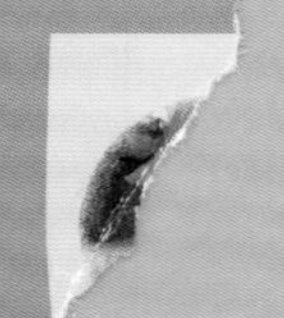

小朋友，你在參與阿威與阿拔的野外追蹤行動中，沿途看到以下的動物嗎？請細閱每段文字，然後翻到相關的頁面把牠們找出來吧！

第6-7頁：樹林

棕熊 Brown bear

棕熊是大型的陸上食肉動物之一，天生力氣大，有結實有力的身體、粗壯的腿和巨大的頭顱。牠們有較大的口鼻，嗅覺比視覺和聽覺敏鋭。

兔子 Rabbit

兔子有一對長耳朵，聽覺敏鋭。牠們的前腿短，後腿長，在逃跑時能快速轉彎來改變逃生方向。牠們還有不斷生長的大門切齒，喜歡啃咬東西。

松鼠 Squirrel

松鼠擁有強勁的前咬能力，大多以果實、堅果和樹葉為主食，但也會進食昆蟲。牠們有長而輕盈的身體和尖鋭的爪，擅長攀附在樹皮上。

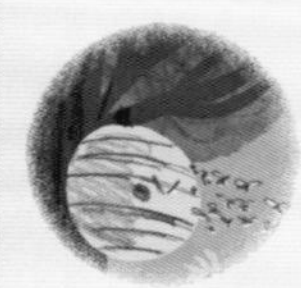

蜜蜂 Bee

蜜蜂生活在一個高度複雜的社會組織，各個成員負責不同的工作。蜜蜂用長長的吸食性口器吸取花蜜，並儲存在自己的「蜜胃」裏，回巢後再把它吐出來，然後轉化成蜂蜜和蜂蠟。

貓頭鷹 Owl

貓頭鷹是夜行性動物，喜歡在黎明和傍晚活動。牠們雙眼向前，有尖尖的彎喙，強健的腿和鋒利的爪。牠們的視覺和聽覺超凡，還能轉動頭部觀察身後的情況。

河狸 Beaver

河狸有流線型的身體、扁平的尾和蹼狀的腳，適合長時間在水中生活。牠們的門齒能切斷樹木，用來建造水壩和窩穴。

刺蝟 Hedgehog

刺蝟身上的毛刺能豎起或放下，牠們能蜷曲成一顆有刺的球來保護頭和腹。在晚上，牠們會用鼻子尋找昆蟲和卵作食物。

鹿 Deer

鹿有修長的腿、短尾、大眼和高高豎立的耳朵。大多數的雄鹿都有非常壯觀的鹿角。

狐狸 Fox

狐狸的毛長，耳尖，腿相對較短，吻部狹長。狐狸以魚、蝦、蟹、鳥類、昆蟲類的小型動物為主食，有時也進食一些野果。

野豬 Wild boar

野豬體格強健，是家豬的野生原種。牠們頭部特大，雄豬的長牙非常發達，從口外突，向外彎曲。

啄木鳥 Woodpecker

啄木鳥的喙呈錐形，強勁有力，常用鑿子般的喙啄樹皮，以啄食昆蟲。

第8-9頁：大海

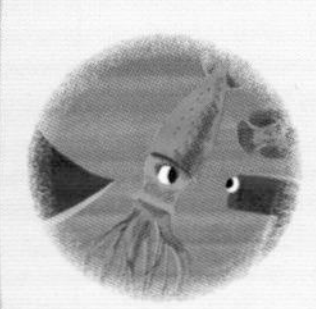

巨烏賊 Giant squid

烏賊又名魷魚，屬於頭足綱的動物。牠們的殼已經退化，並埋在組織裏。烏賊有8條較短的臂及兩條較長的觸手。據了解，巨烏賊可長達18米，是世界上最大的無脊椎動物之一。

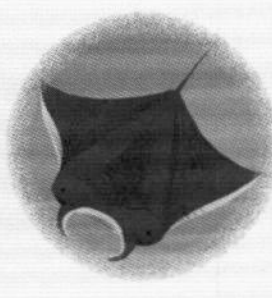

鬼蝠魟 Manta ray

魟的身體扁平，眼睛長在背部，嘴巴長在腹部。牠們有細長的尾刺，用來阻嚇敵人。牠們有像翅膀般的胸鰭，以波浪形的垂直動作來前進。鬼蝠魟體型巨大，翼幅可達8.8米寬。

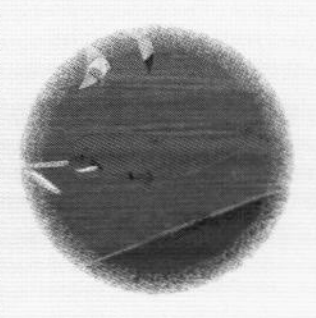

一角鯨 Narwhal

一角鯨又名獨角鯨，只有兩顆牙，兩顆都長在上顎。雌性的牙通常埋在牙牀中，但雄性左邊的牙會長出來，變成一根非常長及有螺紋的長牙，長牙可生長至3米。

梭子魚 Barracuda
梭子魚的身體呈圓柱體，嘴巴尖，下顎闊大，長滿了利齒，兩邊背鰭分開。梭子魚通常出現在礁石附近，喜歡聯羣出動獵食。

海龜 Sea turtle
海龜的前肢已經演化成可以同時划動的槳狀蹼，使牠們在海裏可以飛快地移動。除了繁殖以外，海龜幾乎不會離開海水。

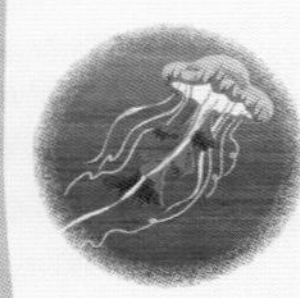

水母 Jellyfish
水母呈傘形，有微弱的
射推動力，在海洋中自由浮動。牠們的嘴和觸鬚懸垂着，有些品種會發光，有些品種會分泌毒素。

鋸鯊 Sawshark
鋸鯊的吻部突出，兩側有尖銳的齒，就像一把鋸子，用以攻擊獵物。鋸鯊可生長至1米長，一般生活在海底40米，以海底的生物和魚類為主食。

八爪魚 Octopus
八爪魚又名章魚，屬於頭足綱的動物，其殼已經完全消失。八爪魚有8條腕足，腕足上有許多吸盤。八爪魚遇到危險時會噴出墨汁，以便逃走。

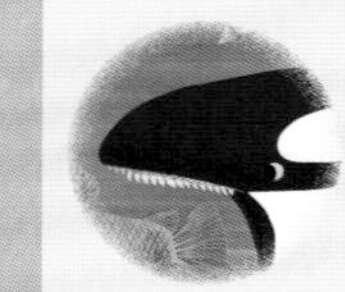

殺人鯨 Orca
殺人鯨又稱虎鯨，是食性甚廣的獵食者，會成羣狩獵，困住魚和烏賊。有時，牠們還會衝上海灘，捕捉岸邊的海獅，或弄翻浮冰，使海豹和企鵝掉進海中，以便捕食牠們。

雙髻鯊 Hammerhead shark
雙髻鯊有錘狀的頭部，能加強游動、捕獵和感應能力。牠們生活在溫帶海域，以小型魚類、甲殼動物和魷魚為主食。

藍鯨 Blue whale
藍鯨是世界上最大的動物，一天能吃下大約3,600公斤磷蝦。由於藍鯨遭到濫捕，現只剩下約12,000隻藍鯨。

第10-11頁：珊瑚礁

鸚鵡螺 Nautilus
鸚鵡螺是現存最古老的頭足類軟體動物，其螺旋形外殼光滑如圓盤狀，狀似鸚鵡嘴，因而得名。鸚鵡螺的身體在貝殼的最外隔間，大約有90根不具吸盤的觸手。

螃蟹 Crab
螃蟹是雜食性動物，主要吃海藻，但有時也會吃微生物、蟲類等。螃蟹的第一對肢體已演化成稱為螯的鉗子。因為關節構造的緣故，螃蟹向橫行走比較迅速。

墨魚 Cuttlefish
墨魚擁有十隻看似一樣長短的觸手，背部內藏有梭子型硬殼，皮膚中的色素小囊能改變顏色。牠們遇上危險時，會噴出黑色的墨汁，以便逃走。

美洲螯龍蝦 Lobster
美洲螯龍蝦有堅硬的盔甲，長有一對像鉗子的螯。美洲螯龍蝦只會在夜間活動，主要食物包括海螺、貝殼、螃蟹、海膽等。

鮟鱇魚 Angler fish
鮟鱇魚頭頂上長着會發光的餌球，大部分時間都是行動緩慢或靜止不動，等待獵物靠近，然後對毫無防備的獵物快速攻擊。

鸚嘴魚 Parrot fish
鸚嘴魚生活在珊瑚礁中，因其色彩豔麗，嘴型酷似鸚鵡的嘴巴而得名。牠們能用鸚嘴刮取藻類及珊瑚礁中較軟的珊瑚作為食物。

水滴魚 Blobfish
水滴魚的樣子奇異，又名憂傷魚。牠們的身體呈凝膠狀，主要分布於澳洲東南部的深海領域。

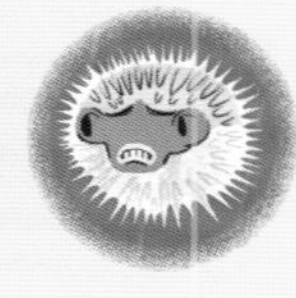

刺鲀 Porcupine fish
刺鲀受到威脅時，會將空氣或水抽進胃部，使脊刺和鱗片突出，體積擴大，使自己看起來更可怖。

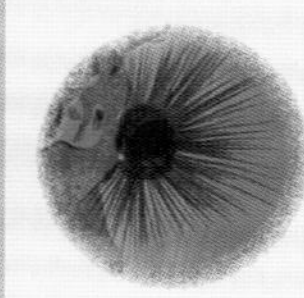

海膽 Urchin
海膽有球狀的身體，由稱為介殼的骨架和長長的可移動的刺來保護。有些海膽是食肉動物，有些則吃藻類。

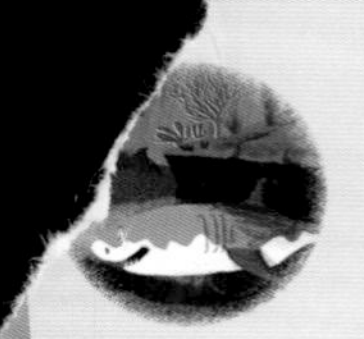

黑尾真鯊 Grey reef shark

黑尾真鯊是中型鯊魚，吻長，身體背面是灰色，腹部是白色，尾鰭有寬黑的邊緣，因而得名。

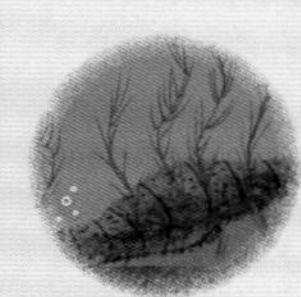

海參 Sea cucumber

海參的骨骼已經退化，身體軟軟的，顏色一般為深色，就好像海底裏的「青瓜」。海參的開口同時用作呼吸和排泄的用途。

海星 Starfish

海星用腕上的吸盤狀管足移動和進食。大多數海星是食肉動物，牠們會翻轉胃部覆蓋在獵物上，然後將之消化。

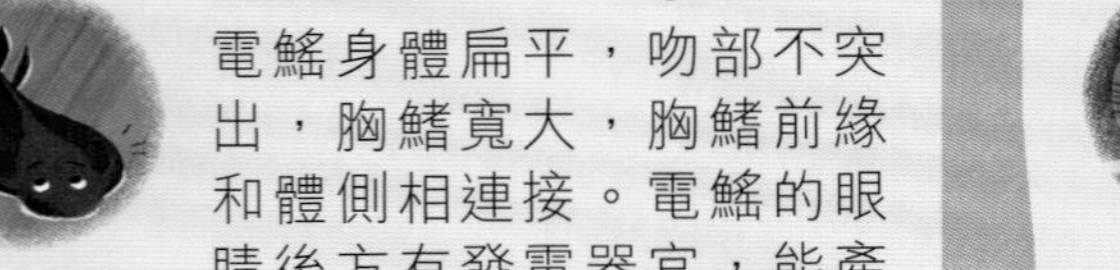

電鰩 Electric ray

電鰩身體扁平，吻部不突出，胸鰭寬大，胸鰭前緣和體側相連接。電鰩的眼睛後方有發電器官，能產生電流刺傷獵物。

小丑魚 Clown fish

小丑魚身上有一層保護性的黏液，能生活在有毒的海葵觸手中，來躲避敵人。與此同時，海葵也得到小丑魚的食物殘渣作為回報。

第12-13頁：沙漠

駱駝 Camel

駱駝以駝峯，以及長期不飲水也能存活而聞名，被稱為「沙漠之舟」。有些駱駝只有一個駝峯，稱為單峯駱駝；而有兩個駝峯的，則稱為雙峯駱駝。

耳廓狐 Fennec fox

耳廓狐生活在沙漠，身體細小，但耳朵大，尾巴末端呈黑色。耳廓狐是夜行狐，白天躲在地下的洞穴裏，晚上才出來捕食小型動物、昆蟲或水果。

鬣狗 Hyena

鬣狗的長相很像狗，前腿長，後腿短，頭部有寬吻，顎骨和牙有力，能咬碎骨頭。牠們還能消化皮膚和骨頭，常以獅子或其他掠食者吃剩的動物殘骸為主食。

眼鏡蛇 Cobra

蛇類大多數時間都貼地而行，憑藉與地面的接觸，可以透過識別聲音的振動來追蹤獵物。眼鏡蛇長有一個冠，可以將其張開，使自己看起來更大，以恐嚇敵人。

狐獴 Meerkat

狐獴通常為陸棲性，於白天活動。與其他獴有別，狐獴的尾巴又長又細，牠們直立時會用尾巴支撐身體，以保持平衡。狐獴是非常社會化的動物，會以站崗的形式來警告同伴潛在的危險。

禿鷹 Vulture

禿鷹是一種食腐肉的猛禽，頸後的羽毛稀少。一般猛禽的喙呈尖鈎狀，腳爪很大，翅膀又長又寬，還有敏鋭的視力。由於禿鷹吃腐肉，喙和爪並不如其他掠食猛禽般鋭利。

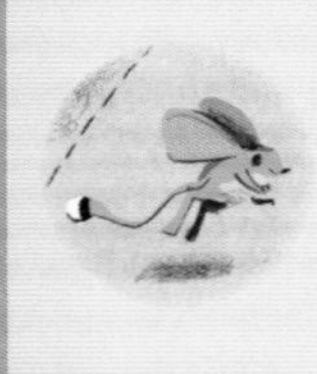

跳鼠 Jerboa

這種獨棲性的沙漠動物後腿比前腿長4倍，能以跳躍的方式逃離危險。夏季白天時，跳鼠會待在地洞裏避開炎熱的天氣。

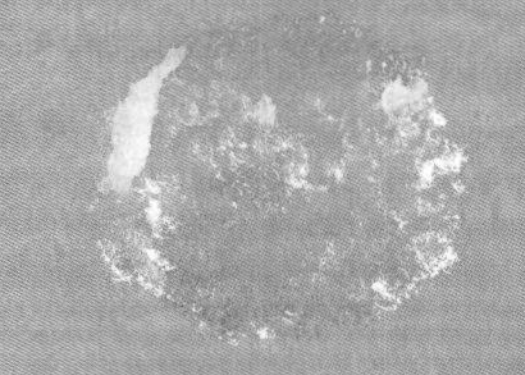

第14-15頁：草原

劍羚 Gemsbok

劍羚的腿、腹側和臉有斑紋，雄性劍羚的角可長達1.5米。旱季時，劍羚可以數日不喝水，以果實和植物根部的水分為主食。

鴨 Duck

鴨有短腿和蹼趾，頸項相對較長，嘴巴寬而扁平。鴨是游泳健將，愛吃魚。牠們身上有防水的羽毛，以及保温的絨毛。

犀牛 Rhinoceros

犀牛最顯著的特徵是頭上有1至2根纖維化角質構成的大角。牠們的豎耳可旋轉，並可接收微弱的聲音。

河馬 Hippopotamus

河馬的耳朵、鼻子、眼睛都長在頭頂，因此即使沉沒到水中時，也能知道周圍的情況。牠們的厚皮只有很薄的一層表皮，需要定期滋潤。牠們白天大多在水中休息，晚上才上岸覓食。河馬的嘴巴能張得很大。

穿山甲 Pangolin

穿山甲長有一身角質鱗甲，以及一條擅長抓握的尾巴。穿山甲的長舌頭平常蜷縮在口中，需要時可伸入螞蟻窩和白蟻丘中，捕食螞蟻和白蟻。穿山甲沒有牙，全靠胃部有力的肌肉和小石子將食物磨碎。

長頸鹿 Giraffe

長頸鹿是世上最高的動物，長有長長的頸、尾和腿，前肢比後肢長，身體有大斑點。牠們有小而不斷生長的角，唇薄而且可活動，黑色長舌擅長抓握，眼和耳都很大。

大象 Elephant

大象是世上最大的陸地動物，龐大的身軀由4根柱狀的腿和寬大的腳掌支撐。牠們頭上有扇狀的大耳和長而靈活的象鼻。非洲象比亞洲象大，且雌雄均有象牙。

牛羚 Wildebeest

牛羚又名角馬，是生活在非洲草原上的大型羚羊。牛羚的頭部粗大而肩寬，就像水牛，然而身體卻纖細，比較像馬。牛羚以草為主食，也吃多汁的植物。

狒狒 Baboon

狒狒屬猴科，臀部有鮮紅的皮墊。雄性的長毛呈灰褐色，頭上有銀色粗鬃毛；雌性的毛髮呈橄欖褐色。

斑馬 Zebra

斑馬的身上有黑白色條紋，有説這些條紋能當作偽裝，也有説有助於牠們辨認同伴。

錘頭鸛 Hammerkop

錘頭鸛的喙又直又尖，頭後有冠羽，頭部看起來像一把錘子。

鵰 Eagle

鵰是其中一種猛禽，喙呈尖鈎狀，腳爪很大，翅膀又長又寬，還有敏鋭的視力。

翠鳥 Kingfisher

翠鳥的腳短小，牠的喙又大又長又直，以捕食魚類為主。

第16-17頁：山峯

羱羊 Ibex

羱羊有一對巨大、向後彎曲的角，雄性更長有鬍鬚。牠們生活在山上，以草、蘚、花、葉及細枝作食物。在冬季，牠們會傾向居住在較低海拔的地方，以尋找食物。

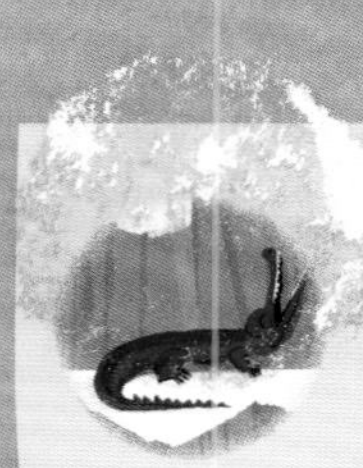

鱷魚 Crocodile

鱷魚在很久以前已經存在，因此被稱為「活化石」。牠們的身軀呈圓柱體，四肢粗短有力，尾部又長又扁。鱷魚的嘴巴巨大且有利齒，是強勁的攻擊武器。

三文魚 Salmon

三文魚又名鮭魚，長有巨嘴利齒，身體細長呈流線型，尾鰭發達，是強而敏捷的游泳健將。牠們成長後，會進行長途而艱苦的旅程，逆流返回出生地繁殖，這種行為稱為洄游。

螺角山羊 Markhor

螺角山羊的角呈螺絲狀，可長達1.5米。由於螺角山羊的角是休閒獵人的戰利品，並可製成中藥，因此螺角山羊遭到濫捕，現僅餘少量生活在偏僻崎嶇的地區。

美洲獅 Cougar

美洲獅是體型最大的小型貓科動物，分布於偏僻的高山，以獵食白尾鹿、麋鹿和馴鹿為生。牠們會發出嘶嘶聲、低吼、呼嘯和顫音，但不能吼叫。

狼 Wolf

狼又名灰狼，口鼻又尖又長，體型和毛色因地點而異。牠們很機智，且非常強壯。狼能以各種短吠聲和嚎叫聲，與同伴溝通。

山羊 Mountain goat

山羊是韌性強的食草動物，生活在山上的懸崖峭壁。牠們身手敏捷，能快速靈活地攀爬岩石山坡，以避開敵人的追捕。

高地牛 Highland cattle

高地牛生活在高地，長有長角和雙層毛髮。牠們身體強壯，能適應惡劣的天氣，身上面層的長毛能防風和防雨。

大羊駝 Llama

大羊駝有點兒像駱駝，但牠們的耳朵頗長並微微向前彎，而且沒有駝峯，身體還長滿柔軟的毛長。

第18-19頁：極地

北極兔 Arctic hare

北極兔有黑色耳尖，夏季時毛皮是褐色，冬季時毛皮變成白色。北極兔平常是獨棲性的，但為了度過酷寒的北極冬季，常會聚集在一起互相取暖。

海豹 Seal

海豹與海象一樣，兩者都有靈活的魚雷型身軀，四肢演化成鰭肢，以及擁有絕緣性極佳的鯨脂和毛髮。海豹游泳時，主要靠後鰭划水，但後鰭無法向前彎。

北極狐 Arctic fox

北極狐在冬季會長出白毛，配合雪白的棲息地，並以捕食海洋哺乳類、魚和甲殼類及預先儲存的食物維生。夏季來時，牠們的毛髮會轉成褐色或黑色。

北極熊 Polar bear

北極熊有濃密的毛和厚厚的皮下脂肪，能適應北極酷寒的氣候。北極熊是半水棲性的食肉動物，生活在冰雪覆蓋的水域附近，游泳時能用巨大的前掌當槳。當食物短缺時，牠們會進入冬眠狀態，靠身體的脂肪維生。

海象 Walrus

海象有靈活的魚雷型身軀，四肢演化成鰭肢，以及擁有絕緣性極佳的鯨脂和毛髮。海象的犬齒非常突出，好像象牙一樣。海象用後鰭游泳，能把後鰭向前彎。牠們能以敏銳的鬍鬚尋找食物，再以口鼻將食物挖出來。

海鸚 Puffin

海鸚身體粗壯，雙翼及尾巴都很短，外形有點兒像企鵝，但牠們會飛。海鸚的喙在繁殖季節時會變大及變成鮮紅色，但過後就會變小及轉為沉色。

企鵝 Penguin

企鵝是鳥類，但不會飛。牠們在陸地上走路時左搖右擺，但在水中卻很敏捷，全靠其流線型的身軀及鰭狀的小翅膀。牠們愛吃魚和磷蝦。

雪鴞 Snowy owl

雪鴞是一種大型貓頭鷹，幾乎全身為白色。牠們會於冬天遷徙到溫暖的地方。牠們會在飛行時突襲小動物或鳥類等獵物。

海鷗 Seagull

海鷗的喙長、腿短，趾間有蹼。海鷗會在海岸尋覓腐食，但牠們也適應在深水覓食。

第20-21頁：熱帶森林

貘 Tapir

貘是食草動物，隱居在熱帶森林。牠們的體型和驢子差不多，身體矮胖呈流線型，適合穿越茂密的矮樹叢。貘的鼻又長又靈敏，除作呼吸管外，還擅長抓握，可用來抓取食物。此外，牠們能以氣味偵測危險。馬來貘的身體黑白分明。

樹懶 Sloth

樹懶的代謝速率和體温都低，使牠們能挑特定的食物吃。樹懶的食量大至吃飽時體重會增加將近三分之一。牠們長有長臂和長鈎爪，大部分時間生活在樹上，大約每周才離開樹木一次，到地面排泄。

吼猴 Howler monkey

吼猴有非常深的顎骨，有助於牠們咀嚼主食樹葉，還有個極大的胃來幫助消化。吼猴的叫聲是動物世界中最響亮的一種叫聲。吼猴發出吼叫聲以宣示地盤，吼叫聲幫助猴羣互相避開。

美洲豹 Jaguar
美洲豹的體型比豹粗短，頭和顎也比較大。美洲豹看起來像豹，但生態卻與老虎類似。牠們偏好住在靠水的濃密植被區，以便偷襲鹿等大型獵物。此外，牠們也會捉魚和其他水生獵物。

吸血蝙蝠 Vampire bat
大部分蝙蝠是吃植物的，世上僅有3種蝙蝠吸血。吸血蝙蝠長有鋒利的牙齒，能切開其他動物的一小塊皮膚，再舔食鮮血。

大猩猩 Gorilla
大猩猩是最大型的靈長類動物，長有比腿長的手臂，不過牠們很少爬樹，主要棲息在地上。牠們在地上行走時，完全靠四肢行走，用腳掌和手指節行走。

鳳頭鸚鵡 Cockatoo
鸚鵡的喙短，上顎下彎；兩隻腳爪向前，兩隻腳爪向後。鸚鵡可用腳或喙把自己吊在樹上，還能模仿人聲。鳳頭鸚鵡的頭上有能夠展開的頭冠。

紅毛猩猩 Orangutan
紅毛猩猩屬大型猿類，野生的紅毛猩猩還能製造工具。紅毛猩猩有一雙比軀幹還長的手臂，牠們的抓握有力，會手腳並用的以四肢在樹林裏攀爬。

食蟻獸 Anteater
食蟻獸有長吻和長舌，擁有敏銳的嗅覺。牠們的前爪鋭利，能撕裂水泥般堅硬的白蟻丘，然後伸出又長又黏的舌頭舔食白蟻。

金剛鸚鵡 Macaw
金剛鸚鵡是一種體型及翼展最大的鸚鵡。金剛鸚鵡的色彩豔麗，愛吃果實、種子及果仁。

巨嘴鳥 Toucan
巨嘴擁有豔麗的大嘴，牠們的大嘴可長達身體的三分之一，其主食為果實。

第22-23頁：樹幹上

蝸牛 Snail
大多數陸地蝸牛沒有鰓，取而代之的是外套膜，外套膜裏充滿血液，如同肺的功能。覆蓋身體的外套膜和黏液能幫助蝸牛保持濕潤。蝸牛喜歡陰暗潮濕的環境，牠們會靠夏眠來抵抗酷熱。

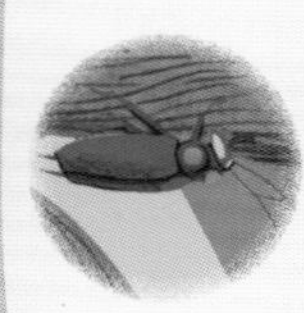

蟑螂 Cockroach
有些蟑螂幾乎什麼東西都吃，在人類生活的環境中被視為害蟲。然而，在其他生存環境中，蟑螂以枯葉和動物的糞便等為主食，擔起了物質循環的作用。

羽角天牛 Feather-horned beetle
天牛通常有細長的身體，牠們會用觸角來尋找花粉、花蜜、樹液或樹葉等食物。羽角天牛的觸角呈羽毛狀，就像頭上長了兩把扇子。

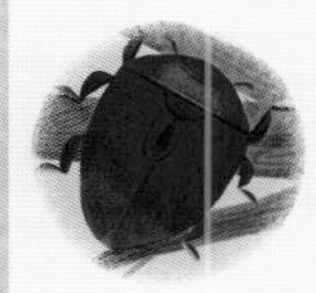

甲蟲 Beetle
大多數甲蟲的特徵是有堅韌的前翅，稱為「翅鞘」，及保護膜狀、用於飛翔的後翅。大多數的甲蟲生活在地上，但也有一些甲蟲能同時生活在樹上、水中或地下。

帝王斑蝶 Monarch butterfly
蝴蝶有纖細的身體、寬闊的翅膀、一對長觸角和兩隻大複眼。牠們有吸管式的口器，用於吸食花蜜。帝王斑蝶的翅膀上有顯眼的橙色及黑色斑紋。

蟹蛛 Crab spider
蜘蛛有分段的身體，堅韌而富彈性的外殼，和分節的肢體。蜘蛛有8隻腳，嘴附近有兩對附肢。蟹蛛的外形像蟹，也能像蟹那樣橫行或倒退，因而得名。

蟻小蜂 Eucharitid wasp
蟻小蜂的幼蟲會寄生在螞蟻幼蟲身上，待螞蟻幼蟲化蛹後，便會食用蟻蛹，並開始成長，最後從蟻蛹中羽化出來。

毛蟲 Caterpillar
毛蟲是蝴蝶或蛾的幼蟲，主要吃植物。經過稱為「完全變態」的蜕變過程，毛蟲會破蛹而出，變成全新面貌的成蟲。

蛹 Chrysalis
一些昆蟲的幼蟲到成蟲要經過一個蛹期，在蛹期內幼蟲的身體會發生劇烈的變化。蛹期過後，成蟲會破蛹而出，以全新的面貌示人。

瓢蟲蜘蛛 Velvet spider
瓢蟲蜘蛛有8隻眼睛和8隻腳，下半身的顏色和圖案酷似瓢蟲。

噢，以下是本書所有謎題的答案。你全部都答對了嗎？

1

8

6

7

4

5